C級スニーカーコレクション

The joy of collecting.

永井ミキジ

JN046254

Introduction

　マイナーなスニーカーをがむしゃらに集めてきたことがきっかけで生まれた本書には、スニーカーの歴史や奥深さを通じて、自分自身が得たこと、気づいたことを書いている。

　モノを扱うということは人の人生が大きくかかわってくる。集める、引き継ぐ、譲る、お金に変える、処分する、選択は色々あるが、人間の素の感情が出る究極の現場で垣間見るプライドや経験、見栄のぶつかり合いは深みがあって何とも言い難いキレや鮮度を感じる。真っ暗闇の中を一人孤独に走ったスニーカー収集の先で出会い、支えていただいた様々なコレクター・古物商のみなさんとの記憶や頂いた言葉は、僕だけにしてくれた素敵な内緒話のように思い返せる。

　その多くの内緒話は収集するジャンルやアプローチは全く違えど、誰の心にも芯を突くものだといつも感心してしまう。

スニーカーを集めるために収集に踏み込んだという自分の経験は、本職であるグラフィックデザインや日常生活にも良い方向に大きく影響した。

　集めた結果よりも、集めるという行動で得たものが大きいからこそ、今回のような企画が実現したのだと思う。本書はスニーカー本としての資料的な価値は未知数だが、読んで下さったみなさまがスニーカーのみならず、何かを集めることに興味を持ち、発見し、これから先々でたくさんの喜びを感じるきっかけになれば嬉しい。

　なお、掲載されたスニーカーは年代やモデル、ブランド、本国モデルや国内モデル、子供靴、ブート靴まで幅広くミックスされている。全て自分が持っているものだけをまとめた本なので許して頂きたい。

永井ミキ弘

Contents

column & manga by Hiroyuki Ohashi

コラムとマンガもあるよ

The joy of collecting

C-class sneakers / author Mikiji Nagai

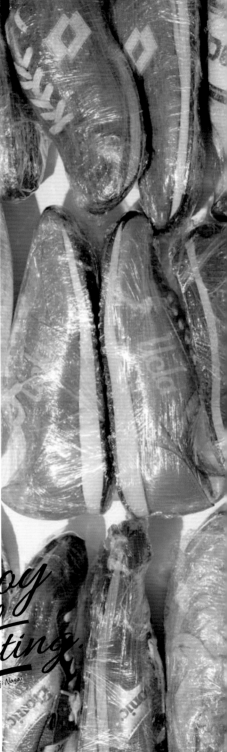

C級スニーカーとは？

　C級スニーカーというのは簡単にいえばマイナースニーカーのことを指す。自分が集めている分野を明確にわかってもらうため、僕なりに定義してスニーカーをA級、B級、C級とそれぞれにカテゴリー分けをしている。

> **A級**……ナイキ、アディダスなど、メジャーブランドのヴィンテージスニーカー
> **B級**……日本のショップで気軽に買える現行品スニーカー
> **C級**……日本に流通してない、ブランドが消滅、他のブランドと合併・吸収した、
> 　　　　非売品や無名のスニーカーなど

　僕はこのC級の部分に特化したスニーカーを集めている。王道のオーラを醸し出しているA級スニーカーもかっこいいし、気軽に買えるB級スニーカーも好きなので個人的に何が上で何が下という考えはない。今となってはマイナーなヴィンテージスニーカーの収集からはじまり、非売品スニーカー、ブート品にまで手を出している。幾度とあった王道のスニーカーブームに背を向けたわけではなく、一緒に走っているつもりでスニーカーを集めていた。そして、あるとき振り向いたら誰もいなくなっていた、ただそれだけだった。

　なぜそこまでC級スニーカーにこだわって集めているのか、いや集めざるを得なくなったのか、コレクションと合わせて紹介していきます。

カテゴリー名
ブランド名
誕生年
SINCE 0000 FROM ●●●
生産国
MODEL ●●●●● (0000s)
販売年
モデル名

スニーカーの見方

ブランド名、誕生年、生産国、モデル名、そのモデルが発売された年代を表記しました。
ちなみに左記の「粋」という文字が刺繍されたスニーカーは株式会社丸五の"大とうりょう"という作業靴です。もともとのオリジナルには「粋」という刺繍が入ってないのですが、後から入れたのか、それとも"大とうりょう"スペシャルエディションなのでしょうか？　こちらの靴は全国のホームセンターを中心に探すことが出来るのもポイント。このように鳶靴もかなり掘り甲斐のあるジャンルですが今回はページの都合上カットしています。

余談ですがこの粋スニーカーは白もあります。

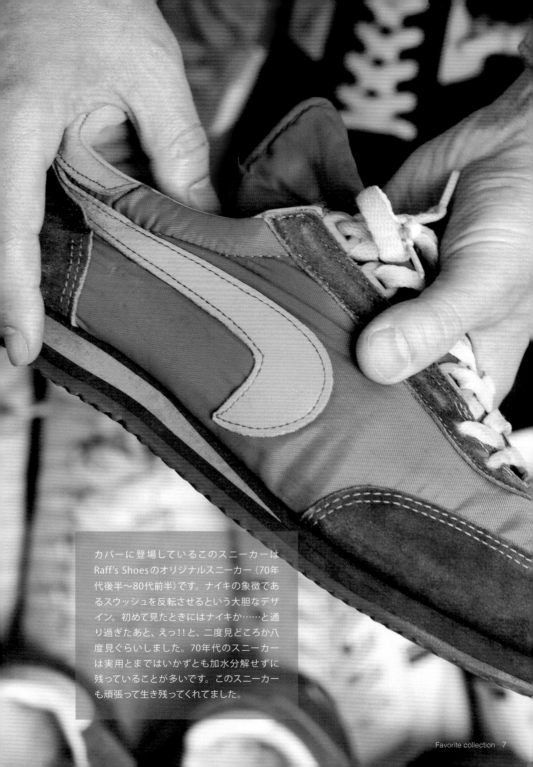

カバーに登場しているこのスニーカーは
Raff's Shoesのオリジナルスニーカー（70年
代後半〜80代前半）です。ナイキの象徴であ
るスウッシュを反転させるという大胆なデザ
イン。初めて見たときにはナイキか……と通
り過ぎたあと、えっ!!と、二度見どころか八
度見ぐらいしました。70年代のスニーカー
は実用とまではいかずとも加水分解せずに
残っていることが多いです。このスニーカー
も頑張って生き残ってくれてました。

KangaROOS

SINCE **1979** FROM **USA**

MODEL **BOG-6203**（1990s）

KangaROOS ／ カンガルー

1979年、アメリカ発祥のシューズブランド。建築家であり、ジョギング愛好家でもあった Bob Gumm
がジョギング中に走ることに集中できるシューズとしてロッカーの鍵や小銭を入れるためのポケットが
あるデザインを生み出し、80年代ドイツを中心にヨーロッパで人気を博した。

カンガルーは
カラーリングがどれも良い
この白×銀×黒も
シンプルでおしゃれ

サイドには代名詞
ともいえる
ジッパーポケット

かかとに大きく
カンガルー親子のロゴ

一番集めたスニーカーです。P130〜でさらに紹介しています！

MIZUNO

SINCE **1906** FROM **JAPAN**

MODEL M-LINE（1980s）

MIZUNO ／ ミズノ

1972年に発売を開始した、ミズノの頭文字をサイドにかたどった「M-LINE」シリーズは洗練されたシルエットが特徴で、当時の最先端技術を用いた競技用シューズから一般向けのトレーニングシューズまで様々なモデルが発売され人気になった。

ブランドの頭文字Mを
サイドに施したM-LINEは
今も受け継がれる
ミズノの代表作

軽量シューズのハイカットは
なんともいえない魅力を感じます

野球少年だったので
スニーカーだけでなく
バット、グローブ、スパイクと
大変お世話になりました

REI

SINCE **1938** FROM **USA**

MODEL unknown（1990s）

REI ／ レイ

1938年、シアトルに拠点を置くアメリカ最大のアウトドアブランド。 レクリエーショナル・イクイップメ
ント・インコーポレイテッドの略称。 登山用品を扱う店舗としてロイド・アンダーソンとメアリ・アンダー
ソンが創業。 生協組織として運営され現在2,000万人の会員がいる。

サイドのラインが特徴
オリジナルスニーカーは
珍しいです

タグでは年代がわからず…
元の持ち主がシアトルで
買ったということで
90年代と判断

Brown Shoe Company

SINCE **1875** FROM **USA**

MODEL BUSTER BROWN E.T. SHOES (1982)

Brown Shoe Company / ブラウンシューカンパニー

1875年、アメリカ発祥のシューズブランド。セントルイス、ミズーリ州ソーラードで創業され現在も幅広いジャンルで展開している。当時大人気だった漫画キャラ「バスターブラウン」のライセンス権を取得し、1904年から子供用ラインをスタートさせた。写真は1982年の「E.T.」公開の年に販売された一足。

残念ながら大人用は
存在しません…
く〜履きたい〜！

「ウォークマン®」シューズ

SINCE **Unknown** FROM **JAPAN**

MODEL "Walkman" SHOES（1980s）

「ウォークマン®」シューズ

80年代に日本で製造。箱にはTSUBAME by HIROSHIMA KASEIの記載、インソールにもロゴのシールなど貼られているが販売されていたかどうか詳細は不明。1979年当初の歩くロゴ付きライセンス商品。

The Walt Disney Company

SINCE **1923** FROM **USA**

MODEL DISNEY pals（1980s）

The Walt Disney Company ／ ウォルト・ディスニー・カンパニー

1980年ごろ、ウォルト・ディスニー・カンパニーのオフィシャルブランドとしてアメリカで製作された子供用シューズ。同年代にはディズニーのキャラクターたちがプリントされたサンダルやレザーブーツなどたくさんの種類がリリースされた。

C級スニーカーへの入り口

　僕が関西に住んでいた十代の頃、90年代前半はいわゆる古着ブームで、デニムはリーバイス501、それにネルシャツを合わせ、スニーカーはコンバースやアディダスといったメジャーブランドのものを履いていました。オシャレをすればするほど、スニーカーを履けば履くほど、細かな所にも魅力を感じ、リーバイスなら66の前期、コンバースならMADE IN USA、アディダスならMADE IN FRANCEやMADE IN GERMANYといった本国モデルやヴィンテージといわれる古いモデルが欲しくなっていきました。

　こういった魅力的なスニーカーは、当時、状態が悪くても一足二万円ぐらいしたと思います。お小遣いを必死に貯めて買うけれど、高いスニーカーを普段履きに出来るほどの余裕が十代の僕にはありませんでした。何か違った選択肢はないのか？　と考えた結果、一万円程度のお手頃なマイナーブランドの現行品を履くようになっていきました。90年代当時はフランスのパトリックが日本に自社工場を建て、国内産モデルを発売した時期でもあり、視点を変えるとメジャーブランド以外にも選択肢は色々とあるんだな……ぐらいの感覚でした。

　あとは古着屋でヴィンテージスニーカーが並んでる棚の端にある、妙に安いアディダスやナイキも買っていました。今思うと本国では作られてないブートモデルのスニーカーです。周りが知らないことを良いことにヴィンテージを履いてる雰囲気を出したり、バレそうなときはなるべく直視されないように早歩きしたりと必死でした。今思うと恥ずかしい思い出ですが、それでも人と違うスニーカーを履いている満足感もあったので、おそらくC級スニーカーに対して意識し出したのはこの辺りだと思います。

PATRICK　since 1892　from FRANCE / model MIAMI（1990）

wear out shoes

PATRICK   since 1892   from FRANCE / model NEVADA (1990)

Etonic   since 1876   from USA / model KM S

ellesse   since 1959   from ITALY / model unknown

wear out shoes

大切に履いてた
フランス製の
スタンスミス

adidas　since 1949　from GERMANY

スウェードの形が変な
詳細不明の ROM

wear out shoes

リーバイス501 66（ロクロク）の話
1973年を境にリーバイスのポケットにある
ロゴの表記が「LEVI'S」から「LeVI'S」に変
更。1973年からインディゴの染め方が変
わったことから、1973年以前を66E（ビッグ
E）、1973年から1976年までを66前期、それ
以降80年代半ばまでを66後期と呼ばれてい
る。なぜ66（ロクロク）と呼ばれたかは新品
のデニムに付いているフラッシャーのコピー
ライトが1966になっていたのをショップ店員
が勘違いして1966年代のデニムと言ったの
が始まりなど、諸説ある。

あるスニーカーショップの店主との出会いが すべての始まりだった

その後も人と違うスニーカーを履きたくてサッカニーやエトニックなどのメジャーブランドと同じ年代に誕生したスニーカーや、70年代にアメリカで起こったジョギングブームの流れでリリースされたブランドなどを追いかけていくことになります。

そんな風にスニーカーを楽しんでいた今から16年前、高円寺の商店街を歩いていると新しいスニーカーショップがオープンしていました。こんな場所に店ができたんだ、と軽い気持ちで店に入ったら見たことのないブランドのスニーカーばかりが所狭しと陳列されていました。興奮した僕は思わず店主に「僕はマイナーなブランドのスニーカーが好きなんですよ！」と話しかけました。

その日は古着屋さんで見つけて購入した、アッパーがヒュンメルでソールがポニーという珍しい（と当時思っていた）西ドイツ製のスニーカーを履いていました。

店主は僕の足元をチラッと見て、表情ひとつ変えず「ヒュンメルはサッカーデンマーク代表のスポンサーになるほど有名なブランドだよ」と教えてくれました。僕はたまらなく恥ずかしい気持ちになりましたが、間髪入れずに「でもソールがポニーは珍しいね」と店主のひとこと。一度は冷水をぶちまけてきたあと、優しく毛布で抱きしめてくるような緩急をつけてきたんです。

hummel   since 1923   from Denmark / model unknown (from WEST GERMANY)

wear out shoes

無表情でひげ面の強面店主だけどイイ人なんだろうな……。そんな店主の魅力に惹かれ、そこから頻繁にお店に通っては店主にスニーカーブランドや世界の動向など、色々なことを教えてもらいました。

　ある日本のマンガのキャラクターがプリントされたフランス限定スニーカーを日本で買うため、一度中国を経由して1足200万円も出した人がいる……みたいな信じられない話や、ナイキの限定品を買うために徹夜で並んで何十万も払ったことを自慢する人の話、認知されてないが日本でも素晴らしいオリジナルスニーカーを手掛けているシューズクリエイターがいるということ。都会で2万で売ってるスニーカーも生産工場をたどれば同じモデルが3000円で買えるということ。本当に色々なことを教えてもらいました。

　その店主は自身の千足近いコレクションを全て売り、その資金でスニーカーショップを立ち上げた人で、後に下北沢に移転しましたが、今は残念ながらお店はありません。「また復活しますよ」と言ったきりで今は縁遠くなったけど、あの人がいたおかげで……っていうかあの人のせいで、スニーカーのある場所をくまなく探す、僕のスニーカー行脚がはじまってしまったのです。

Bata

SINCE **1864** FROM **CZECH REPUBLIC**

MODEL bata×wilson（1970s）

Bata / バタ

1894年、チェコ発祥のシューズブランド。チェコの東部に位置するズリーン州にてトーマス・バタが
Bata Shoe Organization を立ち上げる。1936年、インドの学生に向けてリリースした運動靴「Bata
Tennis」はこれまでに世界各国で5億足以上を売り上げている。

Wilsonとのコラボモデル
ベロのロゴが逆さに
付いてるのもポイント

細めのシルエットに
パタのロゴが付いたレザーで
巻くようなデザインも
カッコイイ

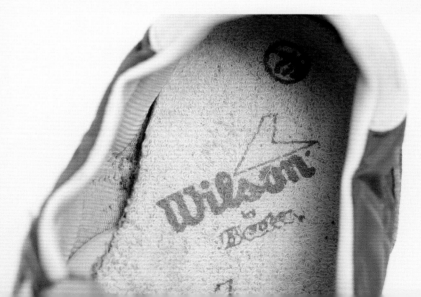

Thom McAn

SINCE **1922** FROM **USA**

MODEL JOX

Thom McAn ／ トムマカン

1922年、アメリカ発祥のシューズブランド。ワード・メルビルと、J.フランクリン・マケルウェインによりブランドを立ち上げる。名前の由来はスコットランドのゴルファーThomas McCannからきている。同年ニューヨークに一店舗目をオープンしブランドを広げていった。

カチっとした
ホワイトレザーに
ゴツめのハイカット

サイドのラインと靴底を
さりげなくグレーで
合わせてる感じもオシャレ

JOXは
ジョギングシューズや
スパイクなど色々な
モデルが存在します

Brütting

SINCE **1946** FROM **GERMANY**

MODEL Roadrunner (1970s)

Brütting ／ ブリュッティング

1946年、ドイツ発祥のシューズブランド。ニュルンベルクに最初の靴工場を開設した際、靴モデラーの
ユーゲン・ブリュッティングによって設立された。1970年に製作した「ロードランナー」は現代のラン
ニングシューズの原型の1つであると考えられ、ランニングシューズの「ロールスロイス」と言われていた。

ドイツらしい
ハッキリとした赤も
特徴的でナイス

良い状態で発見したけど
堅くなって履くには
厳しかったです…くやしい

あの店主を唸らせた自慢の一足

C級スニーカーを買うたび、高円寺のスニーカー店主に見せていたのだが、「あ〜珍しいっすね」「あ〜なんか久々に見ましたわ」みたいな、褒めてくれてるんだけど愛想はない、お釈迦様の手のひらで走り回ってるような気分。あの人は感情が表に出ないタイプなだけだ、僕は珍しいスニーカーをゲットできてる！　と自分に言い聞かせていだがこのBrüttingを見せたときだけ「おー！！　これは珍しいですよ、西ドイツのブランドですね、もともとスニーカーのメーカーではなく、コンフォートシューズの方を中心に生産していたんです。クラークスの西ドイツ版と考えれば分かりやすいですかね！　やりますね！」と饒舌にいわれて嬉しかった反面、やっぱり今までのは大したことなかったのか……と落ち込む自分がいました。

Bauer

SINCE **1927** FROM **CANADA**

MODEL unknown（1980s）

Bauer ／ バウアー

1927年カナダ発祥のアイスホッケー用品、フィットネス、レクリエーション用のスケート靴などを取り
そろえるスポーツブランド。Western Shoe Company の所有者であるバウアー家が BauerSkate 社を
設立。95年まで圧倒的なシェア率を誇った。

ホッケーが好きな人なら
超メジャーなブランドですが
ジョギングシューズは
珍しいです

サイドに
どっしり入った
バウアーのロゴに
老舗オーラを感じます

ハニカムデザインの
ソールもかっこいい

BROOKS

SINCE 1914 FROM USA

MODEL Vilanova (1975)

BROOKS / ブルックス

1914年、アメリカ発祥のシューズブランド。ジョン・ブルックス・ゴールデンバーグによりペンシルバニ
ア州フィラデルフィアに設立。柔らかく柔軟性のある3種類のエチレン酢酸ビニルをソールに採用し
たヴィラノバの誕生をきっかけに、70年代からランニングシューズをメイン商品とした。

ネイビー×レッドの
配色に王道を感じます

本来ならソールが
三層になっているが
劣化したので一枚剥がした状態
新しいソールを貼って
再び履く予定です

古くなって
クタっとなってるのも
個人的には好きです

Etonic

SINCE **1876** FROM **USA**

MODEL ET0115 Rasta

Etonic / エトニック

1876年、アメリカ発祥のシューズブランド。軍や病院の仕事用シューズなどを手掛けていたチャールズ・
A・イートン社が前身。1945年からゴルフシューズの製作を開始し、アーノルド・パーマーやジャック・
ニクラウスなどが愛用した。1976年にはエトニックにブランド名を変更し現在に至る。

ラスタカラーには
抵抗があったけど
この配色なら
履きたいと思って購入

1970年代から1980年代の
アメリカ市場において
ジョギングシューズ
KMシリーズを展開

イエローとレッドの
シューレースが付属

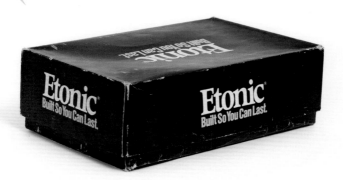

ザ・スタビライザーは
5箇所にひもを通して
かかととスニーカーの
密着性を高めます

1970年代からアメリカ市場において、KM 501、KM 505、KM 507、KM 520といったモデルを展開。
通常とは別にシューレースをもう一本使い、履き口部分を固定するザ・スタビライザーが
着地時の安定性とフィット感を向上させた。

Etonic   since 1876   from USA / model KM 501 (1970s)

サイズも小さく
ヘナヘナで処分寸前だったので
ショップから救出しました。

Etonic   since 1876   from USA / model ECLIPSE (1980s)

Lotto

SINCE **1973** FROM **ITALY**

MODEL unknown

Lotto ／ ロット

1973年、イタリア発祥のスポーツブランド。イタリアの北部、モンテベルーナにてカベルロット・ファ
ミリーによりスタート。サイドに「ダブルダイヤモンド」のマークが特徴。オランダを88年のヨーロッ
パ選手権で優勝に導いたサッカー選手ルート・フリットが履いてたことで有名になった。

サイドの白いロゴと
綺麗なブルーが印象的で
気に入ってます

古くなるとかかとが
割れてしまうことが多いです

JETS

SINCE FROM **unknown**

MODEL unknown

JETS / ジェッツ

詳細は不明。JETSといえば1951年創業の
Red Ball Jetsを思い出すが、ロゴの形が違
うので別ブランドだと判断。サイドが4本ラ
インになっているものなど過去に何度か同
じブランドの別モデルを見ているので単発
的なブートシューズではないと思われる。

色々なモデルを
見かけるんですが
詳細がイマイチ
わからないです

ベージュのナイロンは
オシャレでナイス

かかとにもしっかり
JETSのロゴが

OLYMPICS

SINCE **1984** FROM **USA**

MODEL unknown

OLYMPICS ／ オリンピック

オリンピックはスポンサー協賛金やTV放
映権で運営費を捻出するため非公式だけ
でなく、公式記念モデルも多く発売される。
1984年、アメリカで開催されたロサンゼル
スオリンピックの盛り上がりとともに無名の
業者が勝手に製作したノーブランドスニー
カーで複数のモデルが存在する。

Romika

SINCE **1921** FROM **GERMANY**

MODEL unknown

Romika / ロミカ

1921年、ドイツ発祥の老舗ブランド。設立に携わった Rollin、Michael、Kaufmann の3人の頭2文字が
ブランド名の由来。35年、三人のうち二人がユダヤ人だったことからナチスの圧力によって会社は崩
壊。ロミカの商標はヘルムート・レムに譲渡された後に一時代を築いた。

ドイツ軍にも
トレーニングシューズを
納入していたロミカ

本当は定番のロミカテニスを
紹介しようと思ったのですが
カラーが好みのこっちを掲載

昔、住んでいたアパートの隣には大家さんの一軒家があった。ある時期、アパートにスズメバチが入ってくることが続いたため、どこかに巣があるんじゃないかと大家さんが各部屋を尋ねていた。大家さんは僕の部屋にもやってきて「君はスズメバチを見たの？　どんな色？　大きかった？　そうかそうか！」となぜかテンションが高い。そして僕の部屋に入ってくるなり積み重なったスニーカーの箱に目を向けて、「これは君のコレクションなのかね？」とスズメバチそっちのけで興味深げに僕に色々と質問をしてきた。その時はあまり気にせずに対応していたのだが、それから数週間後、なぜか大家さんの奥さんから「よければうちでお茶でもしませんか？」と家に招かれた。そして、大家さん夫婦と紅茶を飲みながら色々な昔話を聞かせてもらった。今まで隣に住んで玄関先で会うと軽く会釈する程度の大家さんだったが、よくよく話を聞いていると実は「日本で採集できる蝶の99％は採った」と豪語するほどの筋金入りの蝶コレクターだった。大家さんは皆が呆れるほどの蝶好きで自身で現地に行ってはひたすら何年も採集していたそうだ。僕を自宅に招いてくれたのはきっと、コレクター同士の話がしたかったとか、そういうのもあってのことだと思う。

「旦那はほんとに蝶が好きでね、蝶を採るために二人で日本中を旅したんですよ、毎回アミを持って付き合わされて」と奥さんが笑いながら大家さんを見ると「ムキになって探してる僕よりも、素人の彼女の方がいい蝶を捕るんだよ！　ほんと困っちゃうよ！　蝶も分かってるんだろうね」と大家さんも続ける。二人はそうして当時のことを思い出して楽しそうに話していた。「そうだ、ちょっと僕の部屋を見るかい？」ふとそう言うと大家さんは僕を自分の部屋に案内してくれた。大家さんの部屋は壁二面、床から天井まで全て標本箱が

コレクション
の形

収納できるクローゼットに改装されていて、ものすごい数の標本が入っているであろうことは中を見ずとも一目で想像できた。僕はその膨大な量に感動して、「すごいですね……」と驚いていると「そうでしょ？　ここにも入りきらなくなって、奥の部屋も標本箱だらけになったんだよ。」大家さんは少し黙った後「でもね……」そう言うと、引き出しをスーーっとあけた。なんと、その引き出しは空っぽで何も入っていなかった。話を聞くと数年前までギッシリ埋まっていたコレクションは、全て生まれ育った地元の小学校に寄付をしたそうだ。子供に恵まれなかった大家さん夫婦は人生をかけたコレクションを自分たちがいなくなっても大切にしてもらうには……と考えた結果、子供たちに日本中の蝶を見てもらおうという結論になったそうだ。さっきまで昨日のことのように笑いあいながら話していた大家さん夫婦にはもう十分、楽しい思い出として残っているのだろう。だが僕はそんな姿を見て、コレクターの一つのゴールを見たようで、集めることをやめてしまったのか……と自分の未来を重ね少し寂しい気持ちにもなってしまった。

ただ、大家さんはちょっと違った。「でもね、集めることを辞めたわけじゃないんだよ、これを見てよ」そういうと大家さんは一つの小さな標本箱を出してくるとそこにはモンシロチョウや蝉、バッタなど普段見かけるような虫が入っていた。「これはなんですか？」そう僕が尋ねると「もう僕は歳だからね、自分の足で探しに行けないからさ、今は自分の家の庭に入ってきた虫だけを採集してるんだ、入ってこないと取れないから難しいんだよ、これはこれで奥が深いんだ」と大家さんは嬉しそうに話していた。もちろん、その標本箱の中には、先日問題になったスズメバチも入っていた。

言ってる
ことは同じ

1000万円の家具を取引してる古物商が言う「ウイスキーはシングルモルトを飲め、安い変なブレンドものを飲んで健康を害するな」
1000円の利益の為に転売する古物商が言う「ウイスキーはシングルモルトを飲め、もったいなくてチビチビ飲むから健康にもいい」

C級 スニーカー実録マンガ

コンバースの壁

大橋裕之

その2

たまたま靴屋さんでいいニセスニーカーを買った時

店の奥にコンバースのオールスターが天井高くまで積み上げられているのを見た

なぜニセモノを店頭に置いて本物を奥に?

ああ あれのこと? うちの店は安物しか売れないから

安い靴を仕入れるためにオールスターも買わなきゃいけない条件があってさ

場所とるから箱だけ捨てて積み上げてるのよ 1980年からだからこんな高さになっちゃって ハハハ

1980年から!?

ということは…… 下から上に年層になってるんじゃないのか!?

一番下に見たことない模様のオールスター発見!

うわー!!

ドッ ドッ ドッ ドッ ドッ ドッ ドッ

後日 噂を聞きつけたコレクターたちがゾンビのように押し寄せてオールスターの壁は姿を消した

2001年頃に米コンバース社が倒産。企業再建に日本の伊藤忠商事が資本参加し2002年にコンバースジャパンとナイキ傘下のアメリカコンバースは別会社になり商標権をそれぞれの会社が持っているため 海外のコンバースは日本で輸入販売ができず コンバースジャパンの商品も海外では販売できないというねじれが起こっている。コンバース倒産以降、日本ではレアとなったMADE IN USAだが、90年代までは日本の靴屋さんで気軽に買えたのでこのような奇跡が起きた。

店主に教わったこと コレクションの加速

　僕のスニーカーに対する姿勢はその高円寺の店主から教わりました。スニーカーを集めるにも色々な人がいて、普通に履くことを好む人もいれば、限定品を好む人、ヴィンテージを好む人、ブランドや年代、またはモデルにこだわる人、取り憑かれたように買い集め人生を棒に振ってる人もいます。

「スニーカーコレクションは365足所有して初めて"コレクションしてます"と言っていいぐらい、366足目からがはじまりとも言われてる世界だからね」

　店主は僕に平然と言いました。1年365日、毎日違うスニーカーを履けるのは当たり前、366足目がコレクション一足目だと言いたかったみたいです。それぐらい凶暴なコレクターはそこらじゅうにいて、決して姿は現さないそうです。昨今の情報が先行するネット時代の"知ってる""見たことある"じゃない"持ってる"という世界なんだと思います。そしてその店主は世の中にはメジャーブランド以外にも素敵なスニーカーがたくさんあることを日本でも広めたくてお店をやっていたんだと思います。僕は日々教えてもらうマイナーブランドのうんちくを聞く度に欲しくなり、自分で集めた情報もその店主と共有したくなって、さらに必死になって買いました。マイナーブランドは人気もなく、需要のないサイズだと二、三千円ぐらい。僕は"365足"あればいいものを"365ブランド"だと勘違いして、意識が遠のくほど探して買いまくった時期がありました。しかもマイナーブランドにこだわっていたので、その数年は珍しいスニーカーだとサイズを選ぶ余裕はなく"スニーカーは履くものじゃない"ぐらいに考えていました。部屋で山のように積まれたスニーカーを見て、片足だけで良いんだけどな……と真剣に考えた夜もありました。こんなに履くスニーカーがあるのに、今日買ったスニーカーはいつ必要なんだ！と鏡に映った自分に激高した日もありました。僕はスニーカー以外にも収集しているモノがあるのですが、やっぱりどの筋の強者もレアなものがあると、いつ何時どこにいてもステルス爆撃機のように何の前触れもなくピンポイントに現れ、入手し、風のように去って行くだけ、それを自慢することなく、写真をアップすることもなく、ただ大切に保管し次に繋ぐための準備をしている。このときの自分はそんな方達とは正反対で、後先考えずに新しいものを見たい、集めざるを得ないという衝動が優先で、心よりも体が先に動き、ただただ前だけを進み必至に集めていました。

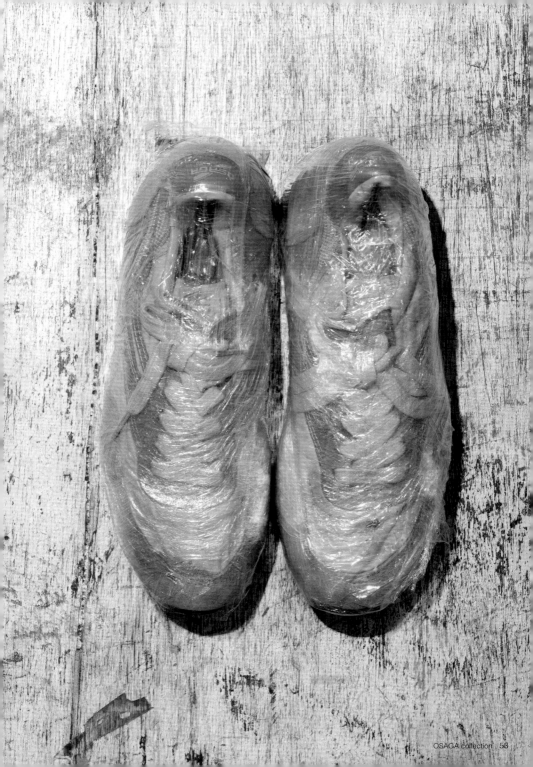

OSAGA

SINCE **1974** FROM **USA**

MODEL KT-26（1970s）

OSAGA ／ オサガ

1974年、アメリカ発祥のシューズブランド。オレゴン州ユージンにて靴の小売店としてスタート。「KT-26」はランニング専門誌の権威ランナーズ・ワールド誌において最高評価のファイブスターを獲得するなど、その機能性には定評があったがジョギングブームの衰退とともに姿を消した。

あのころの気持ちが
蘇る一足、僕の中の
C級スニーカーの原点

Memories of Sneakers

なにより思い入れのあるオサガ

オサガは僕のC級スニーカー人生には外せないスニーカーです。古着屋で出会ったKT-26のベロにはOSAGAという文字が、これはオサガと読むのか？ 響きといいなんてダサいブランド名なんだ……、でも色も形もいいぞ……。当時は三千円ぐらいでした。次の日からKT-26を嬉しそうに履いてる僕を見ていた高円寺の店主が「三年前のスニーカー雑誌ですけど、多分これオサガっすよね？」と指さした先には雑誌の最後によくある古着屋の紹介覧。その店の棚に小さく写った2足のオサガ（P55.56掲載）！ そこにはノーブランドスニーカーと書かれていました。初めて見る派手なカラーリングにいても立ってもいられずその場で電話をかけようとしました。「いやいや三年前の雑誌だし」と笑う店主でしたが、問い合わせると「オサガ？ あーあのノーブランドの、まだ全然ありますよ」と言われ、二人で「あんのかよ〜」と爆笑。なんとか無理を言って通販させてもらいました。このころC級スニーカーの楽しさを知って一番夢中になっていたときかもしれないです。本書にも僕の希望でたくさん掲載することにしましたので是非見て下さい。

KT-26は色が明るめで
個人的にすごい好きです

OSAGA since 1974 from USA / model KT-26 (1970s)

雑誌に載っていたものがこちら
綺麗なスカイブルー

OSAGA   since 1974   from USA / model KT-26 (1970s)

雑誌に載っていたもの
明るいグリーンと
ブルーの組み合わせに
心奪われました

OSAGA since 1974 from USA / model FEATHER（1970s）

かかとに重心が
かかったフォルム
色の組み合わせも良い

OSAGA   since 1974   from USA / model CaPRa II (1970s)

OSAGA   since 1974   from USA / model SPRINT (1970s)

OSAGA   since 1974   from USA / model CaPRall (1970s)

OSAGA   since 1974   from USA / model unknown (1970s)

OSAGA   since 1974   from USA / model MOSCOW80 (1970s)

osaga
For the human rac

当時のステッカーかっこいい！
オークションでゲット
入札は1（僕だけ）でした

KT-26のKTはKinetic Technologyの略、26はフルマラソンの距離をマイル表記にしたもので、アーチ型のソールが着地したときの衝撃を吸収し、足にかかる衝撃を分散させるカンチレバーソールを採用した。

窓の内側から貼る
ステッカー。
車に貼ってOSAGA愛を
アピールしたい！！

62

OSAGA   since 1974   from USA / model vector(1970s)

ある日、突然のデザイン変更、そして終焉

オサガのロゴマークはオレゴン州ユージン市民の一般公募で採用されたもので、この上と横に向かった矢印（通称ベクトルマーク）は1977年から採用されるが80年代の途中からジョギングブームの終焉と共に姿を消した。遅れてオサガが日本で買えるようになる頃には流線型のかっこいいデザインからベクトルマークに変更されてガッカリしたジョガーが多かったと聞く。オサガのKT-26は1980年代初期で生産は終了したがAVIAがその技術を継承。その後ダンロップが権利を取得し1978年から2012年までダンロップがKT-26を販売。現在は Sports Direct が権利を取得している。色々な状況を乗り越えて新しいオサガが街で気軽に買えるスニーカーとして登場するのを気長に待とうと思う。

コレクターは孤独との戦い

　いつものように例のお店に遊びに行くと、店主が突然「諸事情あって一度お店を閉めます」と僕に告げました。何の前触れもなく、まだ100足ぐらいしか集めていなかった頃でした。経営のことなんて話すことはなかったし、いつもお店に行けばスニーカーの話ができるのが楽しくて長居していたので、なんだか心にぽっかり穴が空き、ものすごく寂しかったのを覚えています。それからは誰とも情報共有もせず、孤独な一人旅がはじまりました。街を歩いてはスニーカーをチェックし、それだけだと物足りずに街の紳士靴屋さん、ガテン系ショップ、ホームセンターまで探しました。

　やった！　凄いの見つけたぞ！　と叫んでも一人です。誰にもその成果を報告できないし、共有する人も、ましてや止めてくれる人もおらず、結果、数年後には400足近いスニーカーを集めることになります。履けないサイズもあったし、「スニーカー的諸行無常」こと加水分解でバラバラに……なんてこともありました。このように傷んで廃棄せざるを得ないこともあるので、気を抜くと365足を切ることしばしば。「365足以上持って初めてコレクターと言われてるような世界だからね」という店主の言葉が心に刻み込まれているので、自分がスニーカーコレクターだという自覚は全くありませんでした。ただサイドに3本線の入った安全靴やキャラクターの顔がついたベビー靴にまで手を出していたので、これはもう後には引けないという気持ちにはなっていました。

　ここまで読んでくださった方はやっぱりメジャーブランドでいいや……と思っているかもしれませんが、メジャーブランドと同時期を生きたマイナーブランドも同じ時代の空気を吸っていて、メジャーブランドと同じぐらい魅力的なオーラを放っています。
今でこそ日本で普通に買えますが、僕はサッカニーというブランドが大好きです。70年代に誕生したホーネットというモデル。アッパーはアディダス、ソールはナイキだと世間に酷評されたり、会社の合併やブランドの吸収などの困難を乗り越えて生まれた名作「ジャズ」は80年代にアメリカのスポーツ雑誌「ランナーズワールド」で最高評価をとったC級スニーカーです。今や日本でも街で気軽に買えるB級スニーカーになりました。C級を知りB級を履く、B級をきわめてA級を目指す。こんなストーリーとともにスニーカーを履くと、一足に対する愛着の沸き方も変わると思います。

履き心地も良く
色も形も好きだったので
長く愛用してました。

SOUCONY　since 1898　from USA
model Triad x Crossport (1999)

wear out shoes

Spot-bilt

SINCE **1910** FROM **USA**

MODEL **810**（1970s）

wear out shoes

Spot-bilt ／ スポットビルト

1910年、アメリカ発祥のシューズブランド。マサチューセッツ州ケンブリッジでエイブラハム・ハイドによって創立された、ハイド・アスレティック社のスポーツシューズライン。1969年にアポロ11号のアームストロング船長とともに月面に降り立った最初の靴としても有名。

ブランド名は三つの
スポットが打ち抜かれている
サイドサポートを持つ
ことから来ている

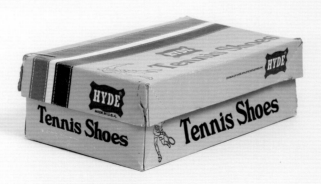

日米のローラスケートブームに合わせて810にアルミプレートとウレタンウィールを付けた
ローラージョガーを発売したことでSpot-biltブームが起こった。

Saucony

SINCE **1898** FROM **USA**

MODEL **HORNET**（1970s）

サッカニーの初期モデル、ホーネット（写真上）。
サイドにブランド名の由来でもある川の形がモチーフになっている。そしてスポットビルトと合併後、
サイドに3つのスポットが組み込まれたデザインのホーネット（写真下）。
サイドのデザインは現在の形になるまで徐々に変化し歴史をたどれるので注目のポイント。

Saucony ／ サッカニー

1898年、アメリカ発祥のシューズブランド。ペンシルバニア州カッツタウンにて創業される。社名は
サッカニー川という川の名前にちなんでいる。1968年ハイド社がサッカニーを買収、1976年に発売し
た「ホーネット」の発売後、合併や吸収を経て1980年にはブランドの代表作となる「ジャズ」が誕生した。

Prep-Bilt   since 1970-   from USA / model Ucla BRUINS (1970s)

Prep-Bilt   since 1970-   from USA / model USC TROJANS (1970s)

大人のたしなみ、スニーカーうんちく

Prep-BILTは後にサッカニーのブランドに入ることになるハイド・アスレティック社が1952年に買収したイリノイ・アスレティック・シューズ社のブランドで、とくにUSC（南カルフォルニア大学）は元巨人の江川卓さんが「空白の1日」を起こす前年に留学していた大学。その同時期の70年代に販売されていたスニーカーなのです。C級だなんだと誰に何を言われても"あの空白の1日騒動を引き起こす前年に江川卓さんが履いていたかもしれないスニーカー"という、うんちく小刀をひとつ胸に忍ばせて堂々と街を歩きましょう。

古物商のD先輩という人がいる。出会いはスニーカー収集の為に足繁く通ったフリーマーケット。世界中のフォークアートなどを集めていたり、販売する商品のセレクトに個性があったこともあり、会う回数も増えていくと、いつの間にかその人から何かを買うのが嬉しいと思えるように、その人から買いたいと思えるようになっていった。それほどの人なので長く同じ場所に出店していると僕のようなファンが増える。ただ趣味が良いだけでなく、D先輩の売り場空間では一度ゾーンに入ると感覚が麻痺してしまうのだった。その日もD先輩がフリーマーケットに出店すると聞き挨拶に伺ったが、現場はすでにお客でごった返している。僕に気がついたD先輩は「やあ、よく来たね、今日は朝からお客さんがたくさんで、落ち着いて食事も取れないんだよ」そんなことを言いながらパンを一口かじると、お客さんから声がかかった。「はいはい！じゃあ、ゆっくりしていってね、あとで話そう」そう言うと食べかけたパンを適当に置き、先輩はお客さんの方に走っていってしまった。それから一時間ほどしてから「ごめんごめん、ゆっくり話せなくて、最近どう？」D先輩が僕のもとにやってきたとき、「これおいくらですか？」とまたお客さんが声をかけてきた。振り向くと、一人の若い女性がD先輩の一時間前に囓ったパンを大切そうに持っている。「あっ！それ僕の食事なんだよ！」そう言われると女の子は顔を赤くしながら去って行った。でも、それが不思議でないぐらいの何かがある空間なのだ。

ある日もD先輩が自身の倉庫を開放するイベントをやるらしく、僕も我先にと駆けつけた。現場ではすでに先人が世界中のアート品を物色していた。皆オシャレな装いで、聞けばファッション誌の編集者やクリエイター、カメラマンやモデルまでもが集まり、陳列された商品を見て「雰囲気いいですね」

パンの少女

「これはアートだ」「こういうのが部屋の一角にあると映えるんですよ」などとD先輩が選んだモノを囲んで話が盛り上がっている。僕はその会話の輪に入れず、後ろで一人モノを物色していた。するとそのグループが壁にピンで刺されたビニール袋を見つけた。そのビニール袋の中には大量のプルタブが入っていた。「あれは…プルタブだよね？」「ただのジュースのプルタブだよな？」「たしかに古いタイプのプルタブだけど……」さっきまで饒舌だった人たちが静かにざわついている。ここに買い物に来ている方々にもプライドがあり、そもそもこれは何ですか？とも聞きづらい、たかがプルタブだがアートと言えないこともない。欲しくもあるし、ゴミでもある。ただ、わからないと言えないのだ。その値段を聞くには、もっとプライドが許さない。もうこの段階でゾーンに入っている。さきほどの「パンの少女」状態なのである。大人たちがプルタブの入った袋を前にコソコソと話しながら体を寄せ合っている。その様子がおかしくて、そのエピソードを買うという気持ちでD先輩に「このプルタブは売り物ですか？」と尋ねた。全員がハッとした表情で僕たちの会話に耳を傾ける。するとD先輩「ん？ああ、それは古いプルタブなんだけど、娘のお友達が洋服のパーツにするって言うから洗って乾かしてるの。いる？なんか良いよね、これ」そう言うとD先輩は僕にその袋をプレゼントしてくれた。袋に入ったプルタブを受け取って、素早く後ろを振り向くとみな何事もなかったかのように静かにガラスの一輪挿しやレコードを物色していた。プルタブは今も大切に瓶に入れて飾っている。

実際のプルタブ↓

テクニック！

D先輩とは正反対の古物商から頂いたアドバイス「いいか、値段を聞かれたら、まず黙って手をパーにして5本指を相手に見せろ、5000円のつもりでも、『50000円か！安い！』と言って買う人がいる。そのとき顔は無表情をキープしろよ、喜んじゃダメだぞ！」

手に入れる楽しさと心の変化

キャリアを重ね集収を続けたものが、ある一定の数を超えてくると、皆が自然とC級スニーカーの存在を知り、興味を持ってくれるようになります。そうなってくると色々なスニーカー情報が入ってくるので今までは一人で苦労して探していたブランドも簡単に手に入ることが多くなりました。さらに探す時間と平行して違うジャンルの情報が入ることも増え、他ジャンルのコレクターとの情報交換や物々交換もよくやりました。例えば、商店街を歩いていると古いおもちゃ屋があって、キャラクターのスニーカーはないかと探していると店主に話しかけられ、他愛もない雑談から、もうすぐその店が閉店するために在庫を処分しないといけないことを聞きます。僕はおもちゃを集めていないので、その情報をおもちゃコレクターに教えたら、店側と交渉し在庫を全て引き取ることになりました。おもちゃ屋さんは喜んでくれたし、コレクターも探していたものがあったようです。僕はというと紹介したコレクターから、そのお店の倉庫の奥にあったダンボール一箱ほどのキャラクターがプリントされた新品のスニーカーをお礼に頂いたり。その後、おもちゃ屋の店主にもあらためてお礼に伺うと、僕のスニーカー収集に興味を持ってくださり、当時はこういうのを履いていて、この商店街にも古いスポーツ店があってなど若い頃の話を聞かせてもらいました。「あのスポーツ店、今は閉てるけど、中に在庫があるかもしれないよ、自分が言って見せてもらってあげるから、さあ行こう！」そう言って僕の手を引っ張り強引に連れて行かれたこともありました。どれもこれもありがたい話です。

あれだけ一人でお金をかけて集めていたのに、最近はお金を使わずに集まることが多く、入手のための方法に選択肢が増えてくると"数を集める"というこだわりが弱くなって、自分らしいセレクトを追求するようになりました。

C級スニーカーというジャンルはプレミア的な価値があるわけでもなく、店側も特化してわざわざ商品として置かないので、探すとなるとあてもなくウロウロするしかないです。インターネットを使って買うことも手段のひとつですが、どんなに労力がかかっても、何も見つからず無駄足になってしまっても、足を使って入手することはスニーカー以外のことも色々と吸収できることが多いのでオススメします。僕の尊敬するコレクターさんの言葉を借りると「無駄の中に宝はある」ということです。僕のコレクションは何かを買わなければいけないミッションもないので、失敗や成功よりもその過程で起こった偶然や必然を楽しむことが大切だと、僕もあとになって気づきました。

ナイキのエアモック
に似てるようで
似てないのも
モヤモヤポイントです

Havana Warker   from CUBA   model unknown

ブラック × レッドの
カラーリングは
バイキンクンの世界観が
出ててカワイイ！

80年代ごろ大人気だった
バイキンクンシューズのうちの一足。

バイキンなのに
きれい好き

ASAHI SHOES

since 1892　from JAPAN
model バイキンクン（1981）
（参考商品）

MOONSTAR

since 1931　from JAPAN
model MICKEY MOUSE
　　　　　is your best favoritel（1980s）

MOONSTAR

since 1931　from JAPAN
model unknown（1974）
™ & © DC Comics. (s21)
（編集部調べ）

お菓子のキャラクター
めちゃカワイイ！！

Achilles

since 1947　from JAPAN
model きどりっこ（1980s）
©REI MIYAO + GREEN CAMEL

MOONSTAR

since 1931　from JAPAN
model Olympic memorial (1984)

MOONSTAR

since 1931　from JAPAN
model Olympic memorial (1984)

ASAHI SHOES
since 1892   from JAPAN
model SANRIO HELLO KITY(1970s)

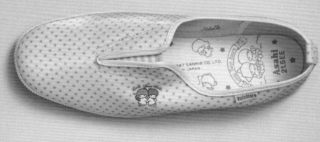

ASAHI SHOES
since 1892　from JAPAN
model SANRIO Little Twin Stars(1980s)
©2021 SANRIO CO., LTD.　APPROVAL NO. L628157

アサヒ靴まつり

日本ゴム株式会社

アサヒシューズがまだ日本ゴム株式会社だった80年代、
店内ポップとして靴屋さんに配ったモビール。
キャラクターのビジュアルとアサヒ靴まつりの通常版に加え、
クリスマスバージョン、お正月バージョンも存在した

謹賀新年

日本ゴム株式会社

日本ゴム株式会社

MIDORI
since 1950   from JAPAN
model BUCHI NECO（1980s）

MIDORI
since 1950   from JAPAN
model CORE（1980s）

ファンシー好きの間では
有名なMIDORIは
はずせない
文具ブランドです

ASAHI SHOES

since 1892　from JAPAN
model SPARK (1980s)

ASAHI SHOES

since 1892　from JAPAN
model Bio Turbo (1980s)

MOONSTAR
since 1931   from JAPAN
model ウルトラマンティガ(1996)
© 円谷プロ

タカラトミー
from JAPAN
model godzilla (1992)
TM & © TOHO CO., LTD.

部活を題材にした
ファンシーグッズが
流行っていました

昭和に流行したファンシー雑貨のにおい玉。当時はメロンやイチゴ、ミントなど色々な
香りがありました。野球のスパイクに入ってるという不思議さも高ポイント。

スニーカーを購入するとオマケで付い
てきたケシゴム。写真はビックリマン
DX天聖界シリーズの金型を使ったカ
ラー違いでDX天聖界（聖之壱）天聖
界危機編 天使男ジャック。

ASAHI SHOES
since 1892　from JAPAN
model パンキー ビックリマン（1987）

アサヒシューズの
子供靴"パンキー"は
このイラストが目印

ASAHI SHOES
since 1892　from JAPAN
model パンキー SUPERMAN（1970s）
TM & © DC Comics.（s21）
（編集部調べ）

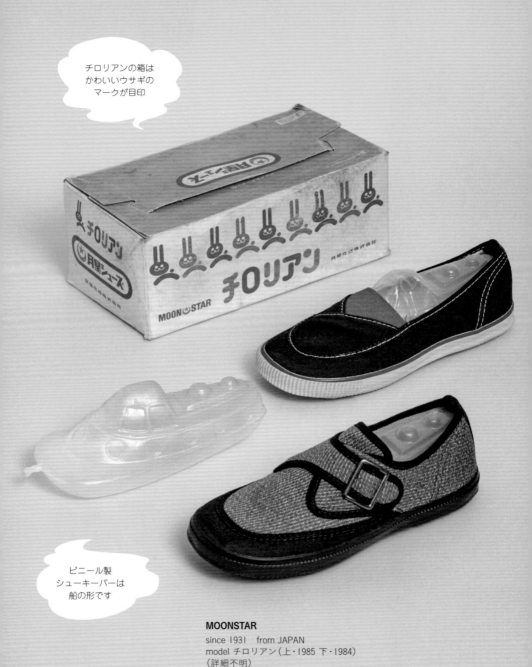

チロリアンの箱は
かわいいウサギの
マークが目印

ビニール製
シューキーパーは
船の形です

MOONSTAR

since 1931 from JAPAN
model チロリアン（上・1985 下・1984）
（詳細不明）

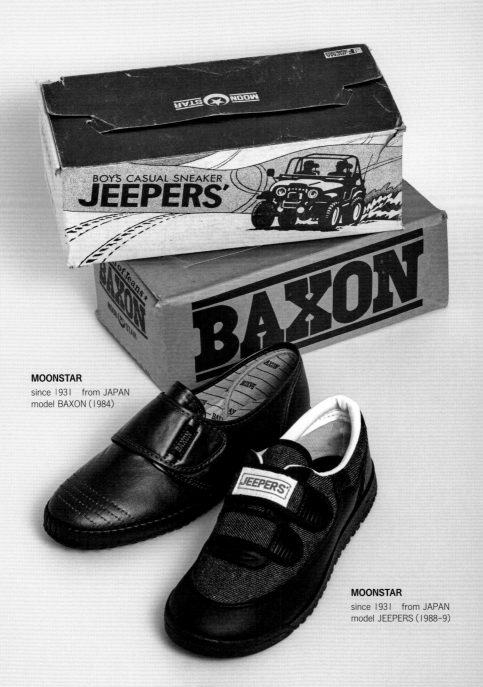

MOONSTAR

since 1931   from JAPAN
model BAXON (1984)

MOONSTAR

since 1931   from JAPAN
model JEEPERS (1988-9)

C級スニーカーの探し方

　C級スニーカーにはスニーカーショップや洋服屋だけでなく、色々な場所で出会うこともあります。フリーマーケットやバザー、商店街やリサイクルショップ、文房具店やおもちゃ屋、なんと古本屋にもありました。関係のない用事で外に出ても、常にアンテナを張り巡らせていると、スニーカーもそうだし、スニーカーを譲ってもらえる店との偶然の出会いがたくさんあります。

　例えば、中古品を取り扱うような店を経営している古物商の方々は古物市場のようなプロの仕入れ先や、個人宅から依頼を受けて買い取ることもあります、その人が店で売る専門分野でなくても、面白いものがあると仕入れてくることが多いので、希望の品に関係ないお店でも自分と好みが近いなら何度も足繁く通うことをオススメします。長く通うと顔を覚えてもらい、店主みずから何を探しているのか聞いてきてくれます。その時はじめて僕は「マイナーなスニーカーを探しています」と説明します。自分から聞くのではなく、聞いてもらえるまでは置いてある商品から欲しいモノを選ぶなど、最低限お客としてのマナーを守るのは大事なことです。本当に欲しいモノを見つけるためには仕入れのプロにも協力してもらい、長くお付き合いさせてもらうのも一つの手なのです。プロはこっちが好き勝手に買い物をしている様子を見るだけで、どういうもの好みだかわかります。仕入れるときに自分が喜ぶ顔をパッと頭に浮かべてもらえるようになるまで礼儀を尽くさないといけないと僕は思っています。そうやって何度も心が躍るスニーカーを、誰よりも先に見せてもらいました。ただ見たことのないスニーカーを見つけた喜びよりも、探してきてくれた心意気の方に感動することもありますが、顔に出してはいけません。

　そういった意識を持って日常を過ごすだけでも、目的を決めて最短ルートで行動してると起こらない奇跡や発見は本当に多いです。町のニーズに合わせて安い衣類を取り扱うお店にmade in USAの変わった柄のコンバースが大量に眠ってることがあったり、サイズが小さいという理由でケッズの変わったカラーが袋にひとまとめにされていたり。ガテン系の安全靴にも物語があるし、ニセモノを作ってるブランドにも、あえて本物と同じにしない工場のプライドを感じることがありました。

　自分が年老いたら、スニーカーに限らずヴィンテージかどうかということやブランドなんてどうでもよくなるかもしれません。だけどスーパーにある衣類コーナーでも、C級イズムでセレクトできるように今からその感覚を体に叩き込んでおきたいものです。

2000年代中頃に
ノベルティで配られた
コンバースの
ミネラルウォーター

mee　from JAPAN / model unknown

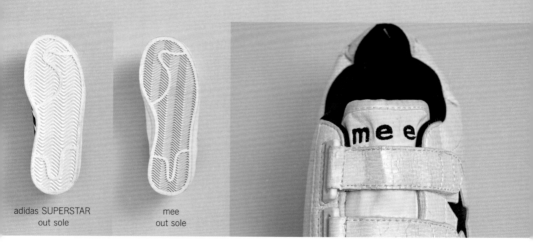

adidas SUPERSTAR
out sole

mee
out sole

ニセモノのプライド　その①

　アディダスのスーパースター、コンバースのオールスターなどはメジャーなゆえ、日本でもニセ
モノがたくさん存在する。それはどの国でも、いつの時代もそうで、今もたくさんのニセモノが売
られている。ブランドからしたら迷惑だけど、それはさておき、今の靴工場の技術があれば本物と
変わらない全く同じモノが作れるだろう。それはいわゆるコピー品というモノだ。しかし、それと
は違い"それっぽく"作る、本物が100％だとしたら、いかに"それっぽく"作って怒られない程度に似
せるのか、いかに80％ぐらいにするかのかということには匠の技が求められる。スーパースターに
はなれないスーパースターたちは意識して見るとまた趣がある。特に注目するポイントはアウト
ソールである。本当にどうでもよければアウトソールまでスーパースターにする必要はないはず
だ。そこにはあえて80％にしてるんだぞ、という靴作りのプライドが見える。上記で紹介したmee
はその80％を覆す120％というやり過ぎることで本物との違いを出したものだ。しかもサイドにコ
ンバースのワンスターを二つも付けるというこだわり、ソールももちろん本物とうりふたつである。
その心意気で3足購入したが一年と立たずに姿を消した、一期一会である。

Kamyun
from JAPAN
model unknown

Kamyun
from JAPAN
model unknown

NET WAVE

W swoosh !?

大阪のニセモノ事情
こうしてニセモノも観察してい
くと地域性が出てくる。
特に大阪はカラフルなのが多
く種類も豊富でおもしろい。

MOONSTAR from JAPAN / model VENTURE (1980s)

いまも買える！

ADIMOUSE from JAPAN / model unknown

最後の売り場

売れなくなったニセモノシューズや
廃業した在庫は廃棄前に二束三文
で色々な所で売り払われる。まとめ
て買うと一足百円程度にまでなるこ
とも。なんとか持ってないものは救
出するが自分にも限界がある。

元祖リーガル

1880年、アメリカ発祥のシューズブランド。1961年の日本製靴（現・リーガルコーポレーション）と契約を結び市場を拡大した。1970年代に始まったアメリカンカジュアルブームの波に乗り、太い2本ラインとRマークを冠したテニスが1976年に発売。驚異的な販売数を記録した。

REGAL　since 1880　from JAPAN / model TENNIS（1976）

ケーガルでーす

Achilles　since 1947　from JAPAN / model RACER casual（1970s）

ミーガルでーす

PRO BASKET ACE

M&G　model S.CASUALI / model Runknown（1970s）

unknown
from JAPAN
model JAZZ

ニセモノのプライド　その②

　コンバースのオールスターもシンプルなフォルムゆえ、相当なニセモノが存在する。価格的にニセモノで納得している層もいることは確かで、逆にその層に向けて2020年に公式サイトには掲載されてないコンバースの激安ライン、コンバースネクスターというモデルがリリースされている。先に紹介したニセスーパースター然り、オールスターのニセモノも本物より少し劣る80%のクオリティを保ったものがあり、ただ変化をつけにくいが故にヒールパッチかアンクルパッチで違いを見せるモデルが多い。右ページのTWO STARのオールスターのように星を増やすパターンだと、スリースター、フォースター、ファイブスター、シックススター、セブンスターまで確認している。ここまでくると町中華の店名、十番、百番ではないが星条旗の星の数ほどニセスターがあるのではないかと現在も調査中。

　上記のJAZZ STARはヒールパッチのALLの箇所をJAZZにし、色を白黒反転させることでで少し気をそらす技が今まで出会った中でも光っている。主にホームセンターなどで980円で販売され一年ほどで姿を消した。カラーバリエーションはブラックも存在し、もちろん自分用に6足ほど購入した。当時は上下ヴィンテージの服に合わせて履いていた時期があり、セレクトショップ店員に3度見されたことや、友達のコンバースとこっそり差し替えるいたずらをしたら、こっちの方が欲しい！とそのまま履いて帰られたこともあった。

　二足目のTWO STARはフリーマーケットで売り場にいたおじさんが履いていたもので、試しにお願いしたら「コンバースは有名なメーカーだからな〜欲しいのか？　いくらだせる？」とこれでもかと足元をガン見され、ニセモノと言わない方が話がこじれないと判断。1400円でゆずってもらったのだが、ほかほかのツースターを受け取ったとき、二度とこんな事はしないと自分に誓った。

　三足目のマイスターはスニーカーの取材の際に担当してくれたライターさんがもてあましてるからという理由で自分に託してくれたもの。たまに取材先でこういうことがあるのでありがたい。

unknown
from JAPAN
model TWO STAR

Ma ★ Share
from Viet Nam
model MY STAR

某所で真冬に開かれる大きな骨董まつりがある。出店者は老若男女さまざま、売るモノも古本、手づくり雑貨、骨董、郷土玩具やオモチャまで、ジャンルを問わない多種多様なモノが売られ、お客もたくさん訪れる賑やかな催事。こういった所にも変わったスニーカーが出没するのでパトロールは欠かせない。どうせ行くなら出店しているH先輩のお手伝いをしながら偵察すれば良いかと、自ら店番を申し出た。

真冬の屋外催事は足先から冷えて、体の芯まで凍っていく。いくら防寒装備を施しても、おつりや商品を梱包するときに手袋は外さないといけない。寒さで膝関節も動かなくなり、かがむことさえ困難な状況、売れているブースはあちこち動くので体が温まっているが、かたや売れないブースはただその場でジッとしているしかない。H先輩が「おい、あそこ見てみ？」と指を指すほうに目を向けるとボロ切れを売っている老人のブースがあった。彼は売れるはずもないボロ切れが積まれた横で一人、イスに座り足を組み、自分で自分を抱きしめるように堅く腕を組んで、その腕の隙間に顔を埋め体を縮め、足元にはストローが刺さったパック酒を置いて、必至で寒さに耐えていた。

「君はあの人を見てどう思う？」とH先輩が僕に聞いた。正直あんなボロ切れを買う人はいないので、わざわざ寒い思いまでして売る必要があるんだろうか？ と心の中で思ったが、答えを口に出す前に言葉を選んだ。僕の答えが出る前にH先輩は続けて「意味ないんじゃないかって思ってるでしょ？ でも、あれがモノ売りなんだよ。若いときからモノを売って、その売上げ次第で明日の生活も決まるんだよ。ヘタすりゃ数時間後に食べるものが決まることだってあるし、どうやって体力を温存して、何を食べて、何を最優先しないといけないか、そうやってあの年齢まで生きてるんだよ。この

真冬の
モノ売り

商売は安定こそしないけれど、どんなに困難なときだって、モノを買って売ればなんとかしのげる強さがある。あの人にも良い時代や悪い時代があっただろうけど、ここでああやってモノを売ってるってことは自分の力で生きてるってことだ、本当に立派だよ、死ぬまでモノと人生を歩んで、ああやって年とってもさ、歯を食いしばって自分のやってきたことを全うしてるんだよ。俺ら古物商の鏡だよ、俺はお世辞抜きにしてああいう人になりたいんだよ」と言った。意外だった。H先輩は商品を売ってドンドン良い生活をしたいとか、こんな所で商売せず自分の店を持ちたいとか、ああはなりたくない……とか、そういうことを言うのかと思ったが、あの老人のように今の生き方を死ぬまで貫きたいという考えだった。H先輩は僕に話し終えるとそっと老人に近づき、バレないように小さく丸まった姿をスマホで撮影した。これはオレの未来だ、この写真を待ち受け画面にして古物商としてがんばる。H先輩は笑顔でスマホの画面をさわりながら僕にそう誓っていた姿もまた、印象的だった。

それからは僕も年配の古物商さんがいるとリスペクトの気持ちを忘れずに日々接しているのだが、今となってはジャンルも世代も違うけど、モノという共通の興味があるので話も合い、逆にスニーカー情報やアドバイスを頂いたり、元気がないと声をかけてもらい励まされたりもしている。

実は、この話には後日談がある。先輩が待ち受けにしていた老人、あのときすでに死んでいたらしい。寒さの中、酒を飲んで心臓がやられたようだ。それを知ったH先輩は「ますます尊敬しかない。自分の人生を全うしたんだよ、なにも変なことじゃない。本当にモノ売りとして立派でカッコイイ生き様だよ」H先輩はその後もその写真をしばらく待ち受け画面にしていた。

先輩古物商たちの金言

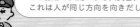

匠の
予想

「ここ数日の大雨による大災害、昨日は有名犯罪者の死刑執行、気温、気候、普段は相反するはずの株価と金の相場が同じ波で揺れてる。これは人が同じ方向を向きだしてる証拠。こういうときはアタリがでる予兆だから何かを探すときは気を張っておいた方がいいよ。」

KARHU

SINCE 1916 FROM FINLAND

MODEL MESTARI (1970-)

KARHU / カルフ

1916年、フィンランド発祥のスポーツブランド。「AbSport Artiklar Oy」という名前で設立、その4年後に
フィンランド語で熊という意味を持つ言葉「KARHU」に改名。当初はスキー板や陸上競技の槍などを
手掛けていた同社だったが、その後ランニングスパイクの開発に着手し確固たる地位を築いた。

元々使っていたトレードマークの
3本線をウィスキー2本と1600ユーロ相当で
某メーカーに譲渡した逸話も！

1952年、ヘルシンキオリンピックでカルフを履いたフィンランド代表選手たちが金メダルを獲得、
フィンランド語で「チャンピオン」を意味する"Mestari"の頭文字を取り、「M」がカルフのシンボル
としてスニーカーにデザインされるようになった。

Brown Shoe Company

SINCE **1875**　FROM **USA**

MODEL　BUSTER BROWN

Brown Shoe Company ／ ブラウンシューカンパニー

1875年、アメリカ発祥のシューズブランド。ジョージウォーレンブラウンとアルビンブライアンによって
創業。リチャード・アウトコルトが1902年に公表した人気を博した漫画『バスター・ブラウン』ライセ
ンス権を取得し、1904年からキッズラインをスタートさせた。

バスター・ブラウンは
マンガだけでなく
テレビ化されラジオ番組も
放送されるほど
アメリカで大人気でした

COBRA

SINCE **1979** FROM **BRAZIL**

MODEL unknown

COBRA / コブラ

1979年、ブラジル発祥のシューズブランド。サイドにシンボルのコブラを模したマークを使用、70年代に発表したいくつかのモデルが確認済みだが詳細は不明。

過去にモデル違いを
何度かみたことがあって
ゴツゴツとした硬派な
イメージがあります

スニーカーの語源は
Snake(ヘビ)だと勘違いしてて
このコブラというブランド名は
さらに力強くという意味か!?と
思っていたが実際の語源は
Sneak(忍び寄る)だと知りました。

BALISTON

SINCE 2000s FROM FRANCE

MODEL ESCRIME

BALISTON / バリストン

2000年ごろにサッカーなどのスパイク等を
製作するスポーツブランドとして登場したと
思われる。www.baliston.comというサイト
があったが消滅。詳細不明のスニーカー。

当時はマークのデザインが
好きになれなかったけど
なぜか捨てれなくて
今となってはグレーに赤の配色が
気に入ってます

Memories of Sneakers

自分よりマイナーなスニーカーをはいていた店主

冒頭で書いた高円寺のスニーカーショップの店主と初めて会ったとき、店主
はバリストンの薄いグレーを履いていて「フェンシングシューズとかを作っ
てるブランドなんすよ」と静かに語っていました。箱には made in spain、知
らなさすぎる！　と興奮したのを思いだします。こちらは当時サイズが小さ
かったこともあってセール品になっていたモノを譲ってもらいました。バリ
ストンはサッカーやフットサルなどのスパイクも作っていて、よく知人に勧め
ていたが誰一人履いてくれる人はいなかったです。こうやって本にする際に
改めて調べるとフランスのブランドということ以外は全く情報がなく、詳細
は不明のままなので本来は掲載しないのですが店主との思い出深い一足な
ので掲載します。ここ数年、日本でスパイクが安価で出回っていますが、ど
ういう流れでそうなったんだろう？

Tretorn

SINCE **1891** FROM **SWEDEN**

MODEL NYLITE CANVAS（1960s）

MODEL XTL / 1960s

Tretorn ／ トレトン

1891年、スウェーデン発祥のスポーツブランド。ヘンリー・ダンカー氏によって創立された。1960年代に「ナイライト」を発表、ジョン・Fケ・ネディがテニスをするときに愛用してたことでも有名。80年代にはアメリカ東海岸発プレッピースタイルの定番アイテムとしての地位を確立した。

ナイトライトは60年代にジョン・F・ケネディがテニス時に愛用していたほか、
70年代にはウィンブルドンで5年連続優勝の記録を持つ、ビョルン・ボルグも愛用していたことで
スウェーデンのブランドがアメリカで大流行するきっかけとなった。

Keds

SINCE **1916** FROM **USA**

MODEL SUPER CHAMP（1980s）

Keds since 1916 from USA / mode Base ball（1990s）

Keds ／ ケッズ

1916年、アメリカ発祥のシューズブランド。USラバーカンパニーによって設立される。ネーミングは "Kids（子供）" とラテン語の "Peds（足）" に由来する。発売当時はスニーカー相場の1/10の価格帯で展開し、「アメリカのキッズは『ケッズ』で育つ」とニュースで取り上げられるなど、「スニーカー」という言葉を広告に使用したことをきっかけに、その言葉が世間に広まったと言われている。

Keds since 1916   from USA / mode Lightning trainer (1990s)

赤は止まって

青はすすんでよし

信号のデザインです

黄色は注意

Keds since 1916   from USA / mode TRAFFIC OXFORD (1990s)

CONVERSE

SINCE **1908** FROM **USA**

MODEL TAR MAX II MID(1990s)

CONVERSE / コンバース

1908年、アメリカ発祥のスポーツブランド。マーキス・M・コンバースがアメリカのマサチューセッツ州モールデンでコンバース・ラバー・シュー・カンパニーを設立。オールスター、ジャックパーセルなどのスニーカーなどで知られる。TAR MAXは90年代に発売されたバスケットボールシューズ。

コンバースはC級？ 問題は
さておき、ラリー・ジョンソンも履いてた
TAR MAXはみんなも
見たかったはず

ELVN 38

SINCE **1990s** FROM **JAPAN**
MODEL ALIEN STOMPER（2000）

ELVN 38 ／ イレブンサーティエイト

元はリーボックが製造した映画用の小道具
だったものを下北沢のインディーズレコード
レーベル、イレブン サーティエイトが20世
紀フォックスから権利を取得し、リリースし
た。1986年公開のアメリカ映画「エイリア
ン2」で登場人物のビショップが履いていた
スニーカーを再現したモデル。

のちに本家リーボックからも
エイリアンスタンパーは
発売されますが
こちらの方が先でした

AVIA

SINCE **1980** FROM **USA**

MODEL 830（2003）

AVIA ／ アヴィア

1980年、アメリカ発祥のスポーツブランド。
オレゴン州にてジェリー・スタブルフィール
ドが設立。元OSAGAの社員だったジェリー
はＫＴ-26から受け継いだ「カンチレバー
ソール」を搭載したフットウェアの発売を開
始。フィットネスシューズでのトップシェア
を獲得するに至る。

この年代のAVIAは
カッコイイのが多いので
狙い目です!

L.A. Gear

SINCE **1979s** FROM **USA**

MODEL **STREET HEAT HI**（1990s）

L.A. Gear ／ エルエーギア

アメリカ発祥のアパレルブランド。カリフォルニア州で「グッドタイムス」というローラースケートレンタルショップを展開していたロベルト・グリーンバーグによる女性向けのセレクトショップ「L.A. Gear」がはじまり。ラメや蛍光色のシューレースで、白ベースのフィットネスシューズを自分流にアレンジできるというファッション性が受け、女性を中心に大ヒット。1988年からメンズ向け商品も販売された。

L.A. Gear since 1979s from USA / model unknown（1990s）

Kaepa

SINCE **1975** FROM **USA**

MODEL unkown

Kaepa / ケイパ

1975年、アメリカ発祥のスポーツブランド。創設者トム・アダムスは自分の娘「MIKAELA」と「PAULA」の名前を結合し「Kaepa」というネーミングを考案。その頭文字「K」と二人の娘をモチーフにしたデルタマークアイコンが考え出された。また、Kを型どった三角形は取り外し可能でカラー変更ができた。

10代の頃は高嶺の花だったケイパのスニーカー

1985年、日本に上陸したケイパは価格も高く、10代の僕らには高嶺の花でした。サイドの三角形のパーツは付け替え可能なのは良いけど、知らないうちに取れちゃって無くすというのも当時のあるあるでした。靴紐が2つに分かれているダブルレースシステムも特徴で、これは創設者トム・アダムスが、テニスのプレイ中に突然シューレースが切れ、とっさにアッパー部分をナイフで切りシューレースを前後それぞれに結びプレイを続けたら、いつもよりしなやかに動けたからだそうです。1996年に経営権が変わり、今ではスニーカーだけでなく様々なスポーツアイテムのラインナップも充実し、日本でも気軽に買えるブランドになりました。

1972年から80年代にかけ
人気プロスポーツ選手も多数愛用
大人気ブランドでした

PONY   since 1972   from USA / model unknown

Wilson   since 1913   from USA / model unknown (1990s)

スケートボードなどを
製造していたブランド
あのトニー・ホークの
スポンサーでもありました

AIR WALK　　since 1986　from USA / model unknown

VISION　　since 1976　from USA / model Tremors（1990s）

SPALDING

SINCE 1876 FROM USA

MODEL C-200（1980s）

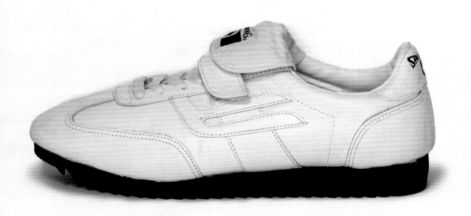

SPALDING ／ スポルディング

1876年、アメリカにてナショナルリーグ（現MLB）で投手として活躍していたアルバート・グッドウィル・スポルディングにより創業。世界で初めてベースボール、アメリカンフットボール、バスケットボール、バレーボールなどで使われる公式球を開発した。

アポロ14号の船長が
月面でゴルフを楽しんだ
ゴルフボールの
ブランドとしても有名

80年代に使われていた
サイドのデザインもかっこいい
これは野球の選手ではなく
指導者が履くものです

K·SWISS

SINCE **1966** FROM **USA**

MODEL CLASSIC（1966）

K·SWISS ／ ケースイス

1966年、アメリカ・カリフォルニア発祥のスポーツブランド。テニスプレイヤーであり、スキーヤーでもあったスイス出身のブルナー兄弟が世界初のオールレザーのテニスシューズ "CLASSIC" を誕生させた。ヒモの締め加減を簡単に調節できるDリングを採用した5ストライプデザインのCLASSIC を1966年にリリースした。

当時から履いてた人に
譲って頂いたので
年季が入ってます!

スペルガは
ピエリ社の傘下なので
ソールはF1のタイヤと
同じ素材で作られています

SUPERGA since 1911   from ITALY / model unknown

船のデッキでも滑らないように
波の切れ目をいれた
スペリーソールの元祖です

TOP-SIDER since 1935   from USA / model Canvas Oxford

VAN since 1948　from JAPAN／model VAN kent（1966 〜）

MOONSTAR　since 1931　from JAPAN／model BRAVAS

TRUSSARDI

SINCE **1911** FROM **ITALY**

MODEL Trussardi Sport（1990s）

TRUSSARDI ／ トラサルディ

1911年、ダンテ・トラサルディによって革手袋メーカーとして創業したイタリア発祥のアパレルブラン
ド。73年、孫のニコラ・トラサルディが経営に加わり、バッグやアクセサリー分野に進出。この時期に、
グレイハウンドの頭部と楯を組み合わせたシンボルマークが発表された。

サイドには狩猟犬として
貴族に愛された
グレイハウンドドッグの
ロゴマーク

Memories
of
Sneakers

知らない間にイタカジブームの波に乗っていた高校時代

1989年、当時高校生だった僕はサイドにグレイハウンドのマークが入ったト
ラサルディのシューズをいたく気に入って履いていました。1911年に創業し
1990年代には、イタリアと日本を中心に世界に販売網を広げたそうで、自分
で気に入ってたモノを誰の影響も受けずに履いていたつもりだったけど（実
際グレイハウンドのロゴはタツノオトシゴだと思っていた）、大人になると80
年代に日本で大ブームが巻き起こったイタカジ（イタリアンカジュアル）の影
響なのだなと今さらながら気がついた。10歳と6歳離れた二人の姉の影響
なのか、今となっては覚えてないが、無防備な高校時代を思い出すべく改め
て当時のシューズを買おうと探したがどこにもなく、唯一持っていた同じ年
代のものが写真の一足です。

KangaROOS SINCE 1979　FROM USA / MODEL unknown（1980s）

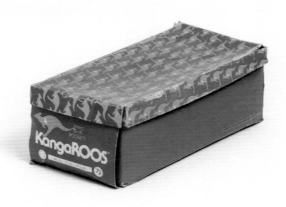

Memories of Sneakers

今までで一番集めたスニーカー

街の古着屋で初めて見たボロボロのカンガルー。お母さんのお腹の袋に子供が顔を出しているロゴマークもシンプルでかわいく、デザイナー心をくすぐる要素がありました。最近になってサイドポケットのモデルも復活を果たしましたが、当時は海外通販でも買えなかった記憶があります。カンガルーだからてっきりオーストラリアのブランドだと思いきやアメリカだと知ったのは数年前、なんかちょっと寂しかったです。というのも僕はC級スニーカー以前に動物が大好きで、カンガルーなどの有袋類は特に好きです。でもどっちかというとコアラの方がポケットが逆さにあるとか、赤ちゃんにパップという透明のウンチを食べさせるとか、人の気をひく話が多いのでブランドの国の話は適当にすませ、いつもそっちの方に話題を誘導しています。

この年代はサイドにポケットがある便乗ス
ニーカーもたくさん販売されましたがカンガ
ルーが元祖。ギミックがあるというのは男心
をくすぐるものがあります。僕も気に入って
何足か履きましたが、せっかくだからと非常
時のために千円札を両方の足のポケットに入
れていると、ある日スニーカーが盗まれて、そ
の時に受けたダメージが他のスニーカーとは
比べものにならなかったです。

KangaROOS since 1979 from USA / model unknown (1980s)

KangaROOS since 1979 from USA / model unknown (1980s)

KangaROOS since 1979 from USA / model unknown (1980s)

KangaROOS since 1979   from USA / model unknown (1980s)

スニーカーでは
ないですが
番外編ということで

WATER
RESISTANT

KangaROOS since 1979   from USA / model unknown (1980s)

詳細不明のスニーカー

　C級スニーカーコレクションはブランドや価値ではなく、デザインやストーリーを重視しているので、僕の手元にも詳細不明のスニーカーがたくさんあります。スニーカーの内側の品番やタグの裏側の表記で調べてみるものの、それでもわからないこともしばしば。かと思えば古いファッション誌を読んでいるとそのスニーカーの広告が載っていたり、昔の映画で主人公が履いていたり、そういったことから情報をたぐり寄せてというのをくりかえし、やっとの事でどこの出生かわかることもあります。

　たとえば、「古くなって印字や品番がかすれてしまいヒントはないが入手先を考えると国のアタリはX。だけど決め手がない」といったものも多い。当初はこのページの三足も情報が不明だったのですが、最後の最後でブランドが判明しました。不思議なもので一つのピースが見つかると、そこから滝のようにわからなかった情報が流れてくることもよくあることなのです。

　ファッションにこだわりのある人が、自分が身につけているモノの詳細を知りたいと思うのは、当然だと思うのですが、詳細不明のスニーカーこそ、見た目が魅力的だけど情報が中途半端なときに履くのがおすすめです。全てがわかってしまうと急に魅力やオーラが消えて、見え方がかわることもわりとあります。わかる前の魅力的な状態で履くのもよいし、全てを知ってから履くのもよい、それが詳細不明スニーカーのたのしみのひとつなのかもしれないです。

以前に近所のリサイクルショップで詳細不明のスニーカーを見つけて、それを履いてスポーツジムに行ったとき、インストラクターから「おつかれさまです！」と言われ、やけに馴れ馴れしいなと思いつつ、ストレッチを開始、屈伸をしているときにハッ！　自分の履いてるスニーカーはそのジムの職員スニーカーだったことにやっと気づきました。偶然ジャージも職員のものと似たような色で、トイレに行くふりをしてダッシュで帰宅したのも良い思い出です。

suave
from JAPAN
model unknown

町の靴屋さんで
ずっとホコリを
かぶってたものです

Achilles
since 1947　from JAPAN
model Land master

MOONSTAR
since 1931　from JAPAN
model Falcon

昔のノーブランドシューズ
これこそレアだと思います

Tuf-Top
from JAPAN

SUPER STAR
from USA

unknown
from USA

PRO STYLE
from USA

C&A
from unknown

jam
from KOREA

ミリタリースニーカー

　90年代、当時18歳の僕は神戸のイカリヤというミリタリーショップでPX品という存在を知りました。PX品とは、自衛帯の駐屯地内の委託売店（PX=Post Exchange）で販売されている自衛隊訓練用品の総称。PX品はファッション的要素は省かれたシンプルな作り、日常で使うことのないポケットが付いてたり、ファッションミリタリー野郎とは違うぜ！　と何も知らない僕はホンモノを気取っていました。やっぱりそこでも見たことないスニーカーが売っていて、お金のない十代には大変ありがたかったです。ここ数年はGERMAN TRAINERの復刻が人気でしたが、コンバースなどのメジャーブランドも無駄な装飾をそぎ落とした白いスニーカーなどを軍支給品として作っていたり、知れば知るほど奥が深いジャンルです。

　昨今デットストックと謳って色々な国のミリタリースニーカーが出ています。当時のデットストックが売られることはよくあるのですが、たまになんか状態が良く、色も鮮やかすぎるものがあります。もしかして当時の靴型と当時の素材を使って今作ったのもデットストックって言ってる？再生産ってことじゃななく？　とモヤモヤすることがあります。その度に思い出すのが数年前に仙台の食器店で名犬ラッシーの南部鉄のペーパーウェイトが売ってた時のこと。店主にデットストックかどうか聞いた時に「型はあるからいつでも同じモノは作れるよ、ただ需要がないから作ってないだけ」と言われたのを思い出すのです。それと一緒なんですかね？　どっちにしても変な違いを出すんじゃなくてキチンと当時のまま復刻してくれるなら欲しいんですが、なんかハッキリしなくて、いまだにモヤモヤしてます。

GERMAN TRAINER / model 3BLACK TRANER（復刻）

GERMAN TRAINER ／ ジャーマントレーナー

70年代から80年代にかけてドイツ軍に正式に支給されていたトレーニングシューズ。当時はミリタリーショップで中古なら2000円ほどで気軽に購入できた。80年代以降は生産が中止されていたが、タナカユニバーサルが当時の型を使用し復刻。復刻ミリタリーの波が来たような気がする。

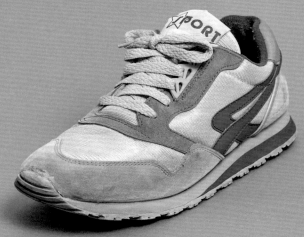

BOPY French Trainer

どちらもかわいくて
すぐにでも履きたいけど
復刻なのか…
デットなのか…

BOPY French Trainer

VULKAN

SINCE **1950** FROM **Slovakia**

MODEL **INN-STANT**

VULKAN / バルカン

1950年代にドイツの軍用工場としていわゆるPX品のスニーカーを作っていたスロバキア最大のシューズファクトリーのオリジナルスニーカー。サイドにある二本のラインをベースにし、アッパーはキャンバスやスウェード、ソールはガムソールで白や黒などのバリエーションがある。

当時のバルカン
のロゴなつかし〜

今から20年ほど前、VULKANのINN-STANTに
は大変お世話になった。価格も安くカラーバリエー
ションも豊富で、自分が履くだけでなく、友人知人
のプレゼントにも重宝しました。だけど、なかなか
お店で売っておらず入手が大変でした。しかし、ど
こにも売ってないかと思えば紳士靴屋の棚に並ん
でいたりと、当時はミリタリー工場で作ってることは
ウリにならなかったと思うのでわりと神出鬼没なス
ニーカーでもありました。

　あるとき、ミニマムロット数さえ問題なければ個人
でも注文出来るというのを知り、高円寺のスニーカー
店主と一緒にオリジナルをオーダーしたこともありま
した。当時はボディの素材、サイドラインカラー、レー
スカラー、ソールなど色々と選べることが出来て盛り
上がったんですが、最終的には色々あって量産まで
行かず……その時のサンプルがこのページの写真で
す。サンプルなのでシューレースも白だし片足しかな
いけど大切にしています。

　VULKANは過去にアディダスの人気モデル
"SL76"の復刻版も作っていました。このボディを基
に作られたCEBOや先にあげたGERMAN TRAINER
の復刻もこの工場で作られています。

　INN-STANTもここ数年は日本でも気軽に買えるよ
うになったので、興味のある方は深してみて下さい。

AIGLE

SINCE **1853** FROM **FRANCE**

MODEL **MILITARY**（1980s）

AIGLE ／ エーグル

1853年フランス発祥のライフスタイルブランド。ヒラム・ハッチンソンがフランスのロワール地方にラバー
工場を設立。職人の手によって生産が続けられているラバーブーツのほか、シューズ、洋服においても
高い品質、細部へのこだわりは商品を確固たるものとしている。

インソールがピンクの
タオル地になっていて
カワイイです

コンパクトにギュッと
袋詰めにされて
軍に支給される

集めだしたらキリがない
ミリタリースニーカー
コレクション!!

BATA
since 1853　from FRANCE
model MILITARY（1980s）

20年前に友人がくれた
詳細不明スニーカー
このシンプルさは
PXと判断しました

unknown / model Cosmo sport

US Navy deck shoes
from USA
model MILITARY (1990s)

アメリカ海軍の最先任上級兵曹長になるための訓練用に軍に支給されたシューズ。90年代
初期にヴァルカナイズド製法にて生産された最後のMade in USA。

PALLADIUM
since1920　from FRANCE
mode PAMPA HI (1990s)

1920年、タイヤ製造会社をフランスで設立。フランス軍からの要望を受け、1947年にPAMPA、
1949年にPALLABROUSSEを完成させ歴史の一ページを飾りました。

コレクションすることは、未知を知ること

　スニーカーに限らず、集めるという行為は心が豊かになることだと思っています。何かに熱中し深く心をそそぐ行為は大切なことです。3個でも1000個でも集めていることを意識して、その人の意思で買って心が喜んでいるなら、それは立派なコレクションだと思います。コレクションする事でわかることもあるし、極めることで気づくことがあります、もちろん失うことだってあります。

　最近になってスニーカーは履いてなんぼだな……と全く履けないサイズのスニーカーの山を見て今更ながら反省していますが、この経験と共にいつかちゃんと履ける人達の元へ届ける予定です。しかし、ここまで買っても、まだまだ知らないことだらけです。今後も変わったスニーカーを見つけたらついつい買うことになると思います。

　あなたが街で出会い買ったスニーカーはとてもカワイイと思います。ただ、地球の裏側にあなたをトリコにしてしまうようなスニーカーがあるかもしれない。今はインターネットもあって自分で選べる時代だからこそ、たくさんの選択肢の中からあなたが本当に心躍る一番のスニーカーを見つけてほしいです。

Caribbean -simple weapon-
model unknown

MIZUNO since 1906 from JAPAN / model RUN BIRD

MIZUNO since 1906 from JAPAN
model RUN BIRD

ASICS since 1949 from JAPAN
model unknown

スニーカーを買うと
オマケで付いてくる袋
みんな部活で愛用してました
イラストも味があって良い。

試合用の三角金具を
見せてる感じもグッときます

ASICS   since 1949   from JAPAN / model ASICS TIGER

Achilles   since 1947   from JAPAN / model unknown

MOONSTAR   since 1931   from JAPAN / model JAGUAR (1987)

I♥ＮＹは70年代から
80年代にかけて
ニューヨークが
行った観光キャンペーン

世界長ユニオン since 1919 from JAPAN / model I ♥ NY（1970s）

世界長ユニオン since 1919 from JAPAN / model I ♥ NY（1970s）

MCAS　model MCAS　from USA
（米海兵隊岩国航空基地のオリジナルスニーカー）

AAU　model AAU original　from USA
（アマチュア運動連合のオリジナルスニーカー）

CONVERSE since 1908 from USA / model LA84 TRAINER (1984)

CEDAR CREST since 1925 from USA / model Crestmore (1970s)

ASAHI SHOES since 1892 from JAPAN / model form Sport (1970s)

赤M　from JAPAN
model 赤 M テニスシューズ

廃棄前に購入したスニーカー
箱を開けるとこんな感じで
袋に入ってました

HARIMAYA since 1903 from JAPAN / model unknown

世界長ユニオン since 1919 from JAPAN / model Junior Panther Deluxe（1970s）

APOLLO since unknown from TAIWAN / model HI.PLAYER

ソールにカタカナで
セカイチョーの文字が
入ってるのもポイント

世界長ユニオン　since 1919　from JAPAN　model 日本国有鉄道 For internal use（1940s）

上は国鉄のスニーカー
下も年代は古い
鉄道関係ではかれてた
スニーカーです

MOONSTAR　since 1931　from JAPAN　model Railroad shoes For internal use

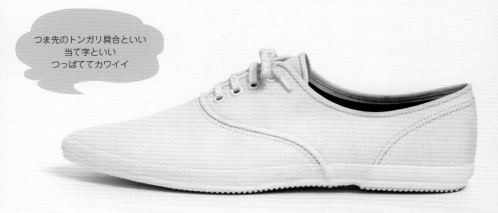

つま先のトンガリ具合といい
当て字といい
つっぱててカワイイ

ASAHI SHOES　since 1892　from JAPAN　model 路薫狼羅（1970s）

気に入って
買いすぎてしまった…
まだまだ買うぞという意味で
最後に紹介

あとがき

　本書で使用したスニーカーの撮影は数が多かったこともありグラフィック社さんの会議室を7日間使わせてもらった。会議室にはグラフィック社さんが過去に出版した書籍がたくさん収められており、今から24年前に出された『資料 マーク シンボル ロゴタイプ カラー篇8』もあった。当時仕事で作ったロゴやシンボルマークを何点か提出したが自信のあった作品は一切選ばれず、唯一選ばれたのはスニーカーショップのロゴタイプ。スニーカーをモチーフにせず素足の絵をいれるという若さ故の過ちというか、なんとも恥ずかしい作品なのだが、当時は掲載された喜びよりも、なぜこれが選ばれたんだろう？　と不思議で仕方なかったのだが24年後の今を暗示していたかのような不思議な縁を感じる。

　本書カバーには「The joy of collecting.」と小さく英文が入っている。これは「コレクションする楽しさとは何か」という意味だ。僕はこの本を資料としてだけでなく、読んでくれた人がコレクションを意識するコツをつかめるようなことが書けたらと思っていた。昨今の情報があふれた便利な時代のせいで、自分で探す意味さえ忘れてる人が多い気がしたからだ。今の人たちはみんな器用で才能に溢れているから意識することを覚えたら、きっとものすごく情報を駆使して僕なんかの想像をはるかに超える発想で自分だけの楽しみを見つけるに決まっているからだ。

　コレクションする目的はなんだろう？　自分を喜ばせたい、所有欲を満たしたい、何かを知りたい、誰かに見せたい、持つことで権威になりたい、人それぞれの理由でいいと思う。コレクションするのは物質的な何かでなくても良いのかもしれない。誰かと楽しい時間を過ごすことさえも意識して続けていれば、それはコレクションしていることになるのかもしれない。なにかを好きになり、夢中になれるということは幸せなことで、人生で大切な役割を果たすと僕は思っている。スニーカーの本なのに僕がずっと伝えようとしているのは、モノを通じて人と人がわかり合い、支え合い、気持ちを確かめ合うことがあるということだ。突き詰めていくと、大切な人に届けたいという慈愛の気持ちも芽生えてくることもある。

　人生は80年程度、アンティークと言われるものは管理者を変えて100年以上も形を変えず静かに存在している。自分の主観を捨て壮大な時の流れを感じると所有者だと思っていた僕たちは、どっしり構えたモノの周りをらせん状に少し歩いているだけで、所有しているのではなく、数十年だけ管理させてもらっているだけなのかもしれないという錯覚に陥り、とても謙虚な気持になれる。

突然自分が死んで、大切にしていたものが価値のわからない何者かにかき乱されても、二束三文で買い捨てられても構わない、自分たちが大切にしてきたものは、自然とモノから進んでいき、人と人を介して、再び大切にしてくれる人のもとへ、僕はそんな現象を何度も目の当たりにしている。歩んできた道や表現の仕方は違えど、僕が大好きで尊敬する人達はみなその境地に立っている。

　心が沈んでいたとき、突然ある先輩が僕にかけてくれた言葉が頭をよぎる。探しているモノに対してかけてくれた言葉だと思っていたが、振り返ると若かりし頃に苦悩していた自分にかけてくれた言葉だった。どこかの章で入れたかったが入りきらなかったので最後にここで。

行くんじゃない。待て。待てば必ずくる。ここまでやってきたじゃないか、気持ちがはやるかもしれない。周りが先に行ってしまうかもしれない。でも焦るな。必ずむこうからやってくる。やってくるまで待て。焦る気持ちを心の奥に沈めて堪えるんだ。どうしてもダメなら一番外側にある大切にしていた何かを一つ捨てればいい、一つまた一つ、ゆっくり捨てて気持ちを楽にすればいい。グッと堪えて今を感じろ。生暖かく心が止まる感覚を覚えるんだ。それが愛だ、愛を感じろ。全てには愛がある、そうして愛を感じ繋がっていけば必ずその時はやって来る。

　この本を手に取り読んで下さったみなさまに幸運を。

　マンガ・イラストを描いてくれた大橋裕之さん、帯文を書いてくれた渋谷直角くん、コロナ期間中も本の製作に協力してくれた古書店主の橋本さん、本文デザインを助けて下さった宇田川由美子さん、キーステージ21のみなさん、カメラマン佐藤美樹さん、この企画のために頑張ってくれたグラフィック社の古賀瞳さん、本書を描くにあたって僕にたくさんの影響を与えてくれたコレクター・古物商の皆様に感謝いたします。

　そして、僕にスニーカーの楽しさを教えてくれた元スニーカーショップ店主の増田さんがこの本を偶然手に取ってくれることを心から祈っています。

2021年6月　永井ミキジ

永井ミキジ　グラフィックデザイナー

1974年　兵庫県出身
1993年からデザイン事務所、広告代理店、マーケティング企業などでグラフィックデザイナーとして経験を積み2007年に独立。企業活動にわたるロゴタイプ・シンボルマークや広告印刷物、書籍の装丁などグラフィックデザイン全般、コレクターとしてのキャリアも活かし、コラム執筆や商品企画・製作、店舗監修、イベント出演など、分野を問わず幅広く活動。

漫　　　　画　大橋裕之
装　　　　丁　永井ミキジ

撮　　　　影　佐藤美樹　ヒロタケンジ
Ｄ　Ｔ　Ｐ　宇田川由美子
協　　　　力　キーステージ21
Special Thanks　成田敏史
企 画 ・ 編 集　古賀瞳

Ｃ級スニーカーコレクション

2021年6月25日　初版第1刷発行

著　　　者　永井ミキジ

発 行 者　長瀬 聡
発 行 所　株式会社 グラフィック社
　　　　　　〒102-0073
　　　　　　東京都千代田区九段北1-14-17
　　　　　　TEL.03-3263-4318（代表）　03-3263-4579（編集）
　　　　　　FAX.03-3263-5297
　　　　　　郵便振替 00130-6-114345
　　　　　　http://www.graphicsha.co.jp/
印刷・製本　図書印刷株式会社

※本書で紹介している情報は2021年5月時点のものです。過去の資料をもとに掲載をしていますが、年代や内容に若干の相違があることをご承知ください。また、掲載内容に関してのお問い合わせは弊社編集部へお願いします。
※収録にあたり、各ブランド、メーカー、ライセンス元など関係各所に連絡を取りましたが、調べのつかない商品がございました。不行き届きをお詫びするとともに、情報をお持ちの方は、編集部までご連絡頂けますと幸いです。

・乱丁・落丁本は、小社業務部宛にお送りください。小社送料負担にてお取り替え致します。
・著作権法上、本書掲載の写真・図・文の無断転載・借用・複製は禁じられています。
・本書のコピー、スキャン、デジタル化等の無断複製は著作権法上の例外を除き禁じられています。本書を代行業者等の第三者に依頼してスキャンやデジタル化することは、たとえ個人や家庭内での利用であっても著作権法上認められておりません。

ISBN 978-4-7661-3489-6　©Mikiji Nagai ©Graphic-sha Publishing Co., Ltd. Printed in Japan